3-4歲

幼兒全方位
智能開發

常識篇

衛生習慣

園丁文化

個人衞生
梳洗用品

● 小朋友起淋準備上學。請用線替他連上洗臉、刷牙、梳頭髮所需的用品，讓他快快完成梳洗上學去！

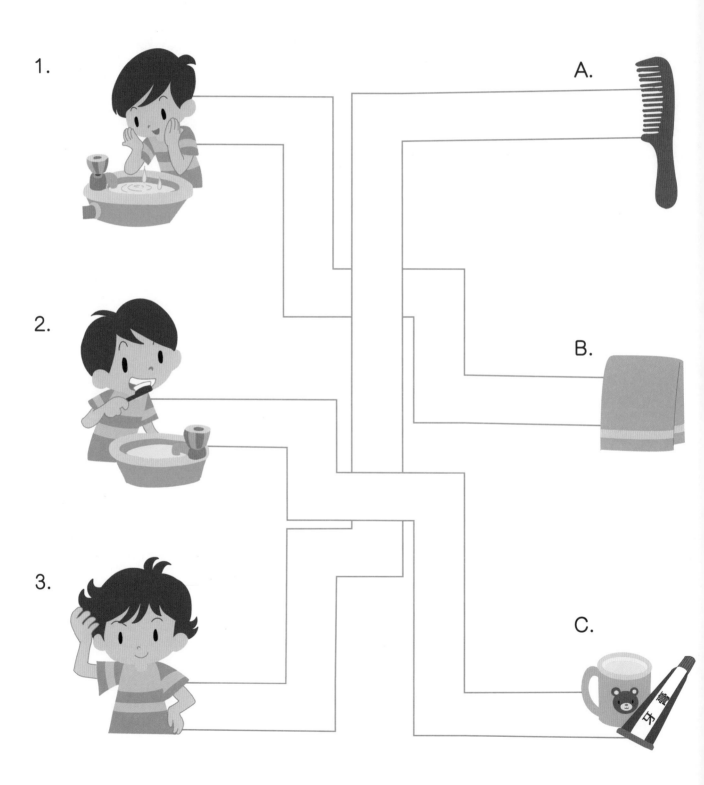

答案：1.B 2.C 3.A

個人衞生
洗澡用品

● 請把洗澡所需的用品用線連到小朋友身上。

A.

B.

C.

D.

E.

F.

H.

G.

答案：A、C、H

個人衞生
洗頭髮的次序

● 請按洗頭髮的先後次序，把代表圖畫的英文字母填在 □ 內，讓小朋友的頭髮回復潔淨！

A.

B.

C.

D.

 → → →

答案：A→D→C→B

4

個人衞生
牙齒保健

● 我們應該怎樣保持牙齒健康呢？看看下面圖畫中的小朋友做得對不對，做得對的，請在 ☐ 內加 ✔；做得不對的，請加 ✘。

1.

多吃甜食

☐

2.

早晚刷牙

☐

3.

定期檢查牙齒

☐

4.

口裏含着飯久久不吞下

☐

5

個人衞生
保持指甲整潔

● 下面哪一隻手的手指甲最整潔？請把「清潔小白兔」 🐰 畫在指甲整潔的手旁 ☐ 內作獎勵。

「清潔小白兔」畫法： → → →

A.

B.

C.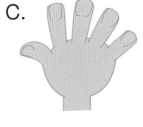

D.

小知識

小朋友，我們要經常剪指甲，因為指甲太長，細菌和污垢就容易藏在指甲裏。

答案：C

6

個人衞生
衞生用品

● 小朋友，下面的情況需要使用什麼個人衞生用品？請把圖畫和正確的用品用線連起來。

1. 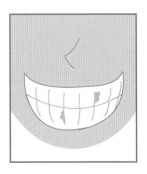　●

A.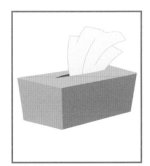

2. 　●

B.

3. 　●

C.

4. 　●

D.

答案：1.D　2.A　3.B　4.C

7

● 下面各題中的小朋友怎樣做才對？做得對的，請在 ☐ 內加 ✔。

1. A.

B.

☐   ☐

2. A.

B.

☐   ☐

 小知識

小朋友，我們要每天洗澡，還要勤換內外衣服，保持衛生。

答案：1.A 2.B

個人衞生
衞生習慣對與錯（二）

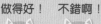

● 下面各題中的小朋友怎樣做才對？做得對的，請在 □ 內加 ✔。

1. A.

B.

---

2. A.

B.

□

□

小知識

為什麼鼻子裏會有「鼻屎」？因為鼻子裏的鼻毛和黏液，黏住了空氣中的灰塵。

個人衞生
衞生習慣評一評

● 小朋友，你有良好的個人衞生習慣嗎？以下的事情，你做得到的，請把 ☺ 填上顏色；未能做到的，請把 ☹ 填上顏色。

1.

我早晚刷牙。

2.

我每天洗澡。

3.

進食前和上洗手間後，
我都會洗手。

4.

打噴嚏時，我會用紙
巾掩住口鼻。

保持整潔
整齊的外表

● 下圖中的兩個小朋友共有 5 處衣飾儀容不整潔的地方，請把它們圈起來。

● 小朋友，你喜歡你的校服嗎？試把它畫出來吧！

答案：

11

保持整潔
梳理頭髮

● 下圖中哪些小朋友的頭髮不整潔？請在 □ 內加 ✔；並把能幫助梳理頭髮的工具圈起來。

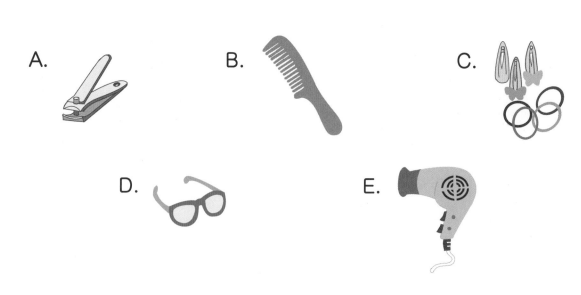

A.　　　　B.　　　　C.

D.　　　　E.

1. □　2. □　3. □　4. □

保持整潔
收拾書包

● 小朋友要收拾書包上學。請根據以下物品清單，看看哪些物品需要帶的，在 ☐ 內加 ✔。

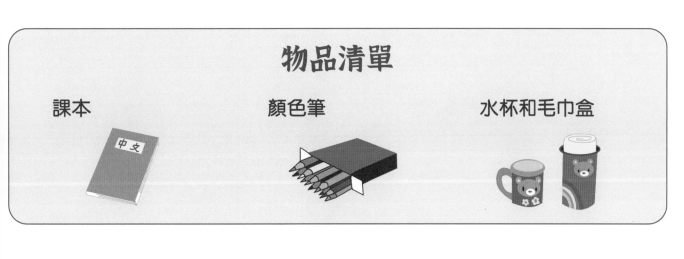

物品清單

課本　　　　　　　顏色筆　　　　　　水杯和毛巾盒

A.

D.

B.

C.

F.

E.

答案：A、B、E、F

13

● 用過的物品應該放回原來的位置。以下的物品應該放置在房間的什麼地方？請把代表物品的英文字母填在適當位置的 □ 內。

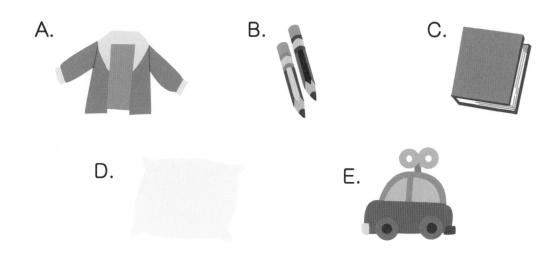

A.　　　　　　　B.　　　　　　　C.

D.　　　　　　　　　　　E.

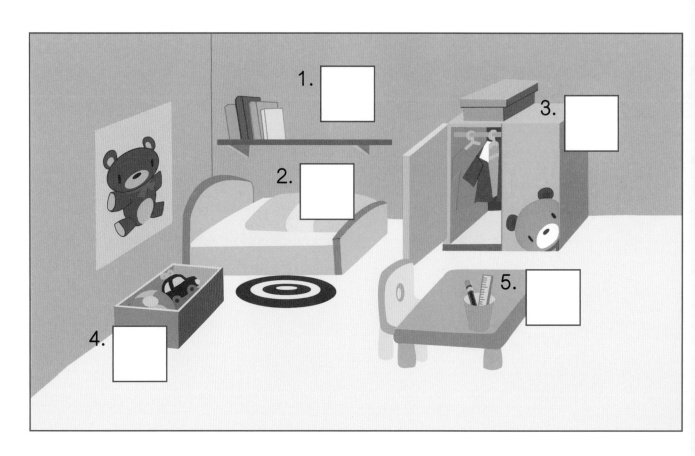

保持整潔
玩具分類

● 下面每個玩具箱裏面，都有一件玩具放錯了，請把它圈起來。

1.

布偶

2.
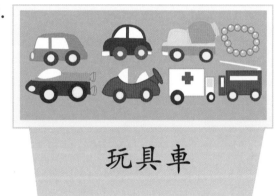
玩具車

3.

積木

4.

串珠

● 小朋友，你最喜歡哪一種玩具呢？試把它畫出來吧！

 4. 3. ◯ 2. △ 1.：答案

15

分擔家務
哪些衣物弄髒了？

● 下面有些衣物弄髒了，需要放到洗衣機內清洗。請把有污漬的衣物連到洗衣機上。

A.
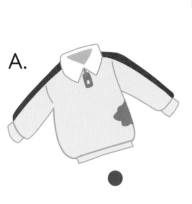

B.

C.

D.
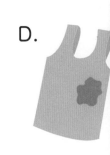

E.
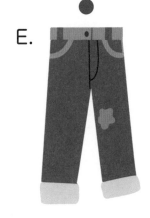

F.

G.

答案：A、C、D、E、F

16

分擔家務
洗衣服

○ 小朋友，你知道洗衣服的程序嗎？請把代表圖畫的英文字母，按洗衣服的正確順序填在 ☐ 內。

A.

B.

C.

D.

 → → → →

答案：A→C→D→B

17

分擔家務
收衣物

● 小朋友要幫媽媽把晾乾的衣物收起，請把代表已晾乾衣物的英文字母圈起來，並在 ____ 上填上正確的數目。

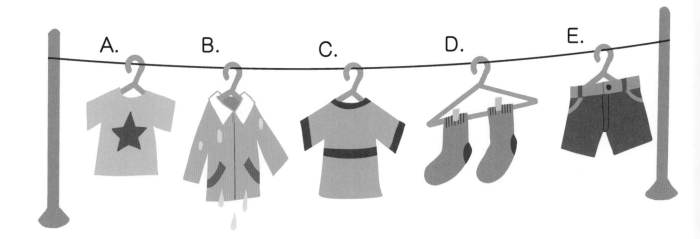

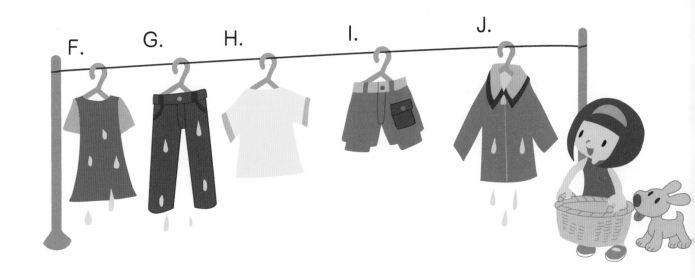

小朋友收起了 ____ 件上衣、____ 雙襪子

及 ____ 條褲子。

18

分擔家務
摺衣服的步驟

● 小朋友，你會摺衣服嗎？請把代表圖畫的英文字母，按摺衣服的正確步驟填在 □ 內。

A.
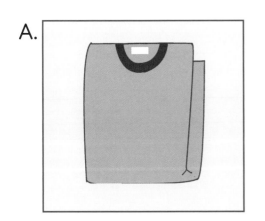

B.
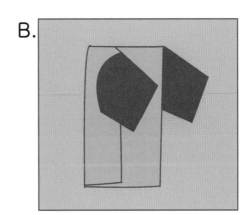

C.
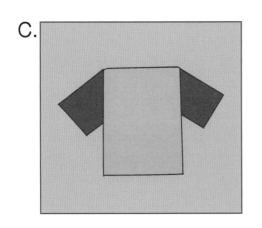

D.
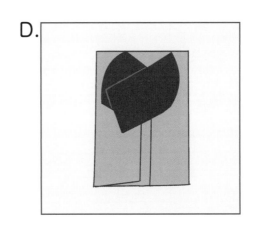

□ → □ → □ → □

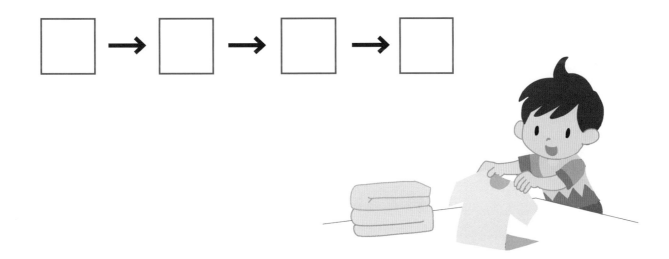

答案：C→B→D→A

19

分擔家務
家務好幫手

● 我們做家務時有很多好幫手，它們各有不同的用途。請把圖畫和正確的工具用線連起來。

1. 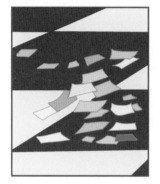 ●

A.  ●

2.  ●

B.  ●

3.  ●

C.  ●

4.  ●

D.  ●

答案：1.B 2.D 3.A 4.C

分擔家務
整理客廳

● 客廳好凌亂啊！請把 4 處需要整理的地方圈起來。

● 小朋友，你最喜歡在客廳裏做什麼事情呢？試畫出來吧！

答案：

21

分擔家務
哪些家務你會做？

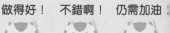

● 小朋友，你會做以下的家務嗎？會做的，請把 ☺ 填上顏色；未能做到的，請把 ☹ 填上顏色。

1.

我會洗杯子。

2.

我會摺衣服。

3.

我會抹桌子。

4.

我會收拾碗碟。

預防疾病傳播
生病了

● 下圖中的小朋友生病了，她應該往哪裏去？請替她畫出正確的路線。

答案：

23

● 小朋友，你知道戴口罩的正確方法嗎？請把代表戴口罩正確方法的字母圈起來。

A.

B.

C.

D.

小朋友，當我們脫下口罩後，應該怎樣處理它呢？試説一説。

答案：B

預防疾病傳播
分辨對錯

下面各題中的小朋友都生病了。請看看他們誰做得對，在 ☐ 內加 ✔。

1. A.

☐

B.

2. A.

☐

B.

小知識

當我們生病時，要多喝水，按時吃藥，多睡覺休息，身體就會很快痊癒了。

答案：1.B 2.A

預防疾病傳播
良好的洗手習慣

● 小朋友，你有良好的洗手習慣嗎？以下的事情，你做得到的，請把 ☺ 填上顏色；未能做到的，請把 ☹ 填上顏色。

1.

我在進食前會洗手。

2.

我在如廁後會洗手。

3.

在打噴嚏或咳嗽時用手掩口鼻後，我會立即洗手。

4.

我從街上回家後會先洗手。

預防疾病傳播
洗手的正確步驟

 時刻保持雙手清潔，可預防感染疾病。請把下面圖畫的代表字母，按洗手的正確步驟順序填在 □ 內。

A.
以水沖走
手上的梘
泡

B.
加入梘液，
仔細搓手
20 秒

C.
用水弄濕
雙手

D.
用抹手紙
關上水龍
頭

E.
用抹手紙
抹乾雙手

□ → □ → □ → □ → □

要預防感染疾病，保持良好的個人衞生及健康生活習慣都是很重要的。下面哪些是健康生活習慣？請把代表圖畫的英文字母圈起來。

A.

B.

C.

D.

小朋友，你有運動的習慣嗎？你最喜歡哪一運動呢？試畫出來吧！

答案：B、C

公共衞生
愛護環境

● 愛護環境人人有責。下面哪些事情做得對的，請在 ☐ 內加 ✔；做得不對的，請加 ✘。

1.

☐

2.

☐

3.

☐

4.

☐

小知識

到戶外郊遊時，我們可以自備水樽，減少丟棄塑膠樽，保護環境。

答案：1. ✔　2. ✘　3. ✘　4. ✔

● 垃圾分類回收對減少廢物很重要。下面的物品應放在哪個回收箱？請用線把它們連到正確的回收箱。

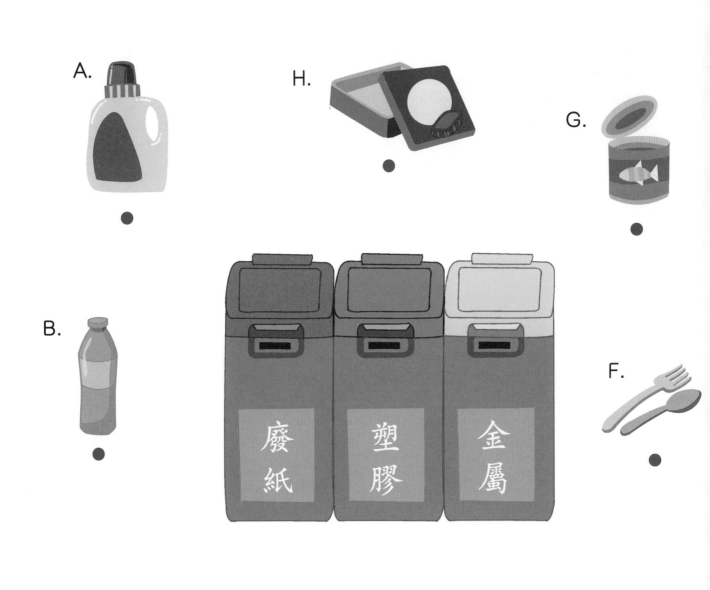

答案：廢紙—C、E；塑膠—A、B、F；金屬—D、G、H

30

公共衞生
環境污染

● 我們生活的環境有不同的污染問題，它們如何影響我們的身體健康？
請把對應的圖畫用線連起來。

1.

A.

2.

B.

3.

C.

答案：1.C　2.A　3.B

31

公共衞生
預防蚊蟲滋生

● 要預防蚊患，我們要注意避免蚊蟲滋生。下面兩幅圖中，各有兩個容易引致蚊蟲滋生的地方，請把它們圈起來。

1.

2.

小朋友，你知道還有哪些害蟲會傳播疾病嗎？試說一說。

答案：1.　2.

32